PHILIP MAKANNA

HIMMELSSTÜRMER

Die berühmtesten Militär-Flugzeuge der 30er und 40er Jahre

HEEL

IMPRESSUM

HEEL Verlag GmbH
Gut Pottscheidt
53639 Königswinter
Tel.: (0 22 23) 92 30-0
Fax: (0 22 23) 92 30 26

Amerikanische Originalausgabe:
Chronicle Books
275 Fifth Street
San Francisco, CA 94103
USA
Englischer Originaltitiel: Ghosts of the Skies

Deutsche Übersetzung: Hans-Ulrich Seebohm

Druck: Pomurski Tisk, Slovenia

ISBN 3-89365-712-6

Printed and bound in Slovenia

INHALT

»Wie schrecklich, wie phantastisch, wie unglaublich es ist, daß wir wegen eines Streits in einem weit entfernten Land zwischen Völkern, über die wir nichts wissen, hier bei uns Schützengräben anlegen und Gasmasken aufprobieren.«

Neville Chamberlain (am 27. September 1933 im Rundfunk über die Drohung Hitlers, in die Tschechoslowakei einzumarschieren)

VORWORT

Die in diesem Buch abgebildeten Flugzeuge des Zweiten Weltkriegs beschwören Geister der Vergangenheit herauf. Mit jedem Tag, der vergeht, ähneln die großen Flugzeuge – die Mustang und Fliegenden Festungen, die Mosquito und Spitfire – mehr und mehr mythischen Wesen, ihr Zweck und ihr Schicksal entrücken in neblige Fernen. Undeutliche Erinnerungen an mächtige Luftflotten und epische Schlachten durchwabern unser Gedächtnis, während sie langsam und unwiederbringlich von der Weltbühne verschwinden.
Feierlich eingeführt als Symbole industrieller Macht, wurden während des Krieges Hunderttausende Flugzeuge gebaut. Nur eine Handvoll restaurierter Exemplare sind übriggeblieben – Kuriositäten, Erinnerungsstücke an ein großes historisches Ereignis. Die hier gezeigten Maschinen wurden vor der Verschrottung bewahrt und in zahllosen Arbeitsstunden wiederhergestellt. Sie werden nicht oft geflogen, denn es sind rare Stücke, und das Verlustrisiko ist groß. Es sind Phantome, hochbetagt und längst überholt, aber sie sind auch laut und stark und schnell. Es ist aufregend, sie im Flug zu betrachten.

Aus der Zeit gelöst, bleiben die donnernden Bomber, die kurvenden Jäger, die chaotischen Schlachten und der Stich der Todesfurcht den Männern, die diese Maschinen flogen, auf ewig im Gedächtnis. Wie die Maschinen selbst, so werden auch die Piloten und Navigatoren, Bomben- und Bordschützen zunehmend gebrechlich, ihre Erinnerungen von der Patina der vergangenen Jahrzehnte überschattet.
Unzählige Male haben sie ihre Geschichten erzählt: von der abstumpfenden Müdigkeit nach stundenlangem Flug in großer Höhe, von dem nackten Terror, der sich jedesmal einstellte, wenn sie dann schließlich mit MG-Feuer über die feindlichen Bombergeschwader herfielen; von der tödlichen Langeweile der militärischen Routine; von der grenzenlosen Erleichterung, wenn eine Mission abgeschlossen war – dürre Worte, um tiefste Empfindungen wiederzugeben. Wir wissen nicht, was sich im Innersten eines jeden Kampfteilnehmers abspielte: wie es wirklich war; was sie fühlten; wie es in ihnen vor dem Kampf aussah – und danach. Diese Geheimnisse bleiben.

Die Flugbesatzungen waren jung im Verhältnis zu der Macht, über die sie verfügten. Wie die Maschinen selbst waren sie Instrumente der Zerstörung, doch in der Ausübung ihrer Pflicht legten sie oftmals die höchsten menschlichen Tugenden von Mut, Selbstaufopferung und Verläßlichkeit an den Tag. Im Guten wie im Bösen gehörten die Flieger zu den Besten ihrer Generation.

Fünfzig Jahre danach ist herzlich wenig geblieben, was uns an den Luftkrieg erinnert: einige restaurierte Flugzeuge, ein Häufchen Worte von den Männern, die an den Kämpfen teilnahmen, ein paar Bilder aus Vergangenheit und Gegenwart. Wie ein Puzzle zusammengesetzt, erzählen die Stücke jedoch eine packende Geschichte.

Der Fotograf Philip Makanna hat ausgewählte Episoden des Luftkriegs zusammengetragen, sie mit seinen eigenen Gegenwartsfotos kombiniert und läßt so vor unseren Augen ein verblüffendes Bild des Flugzeugs im Kriegseinsatz entstehen. Indem er die Vergangenheit mit der Gegenwart verknüpft, huldigt Makanna einer Epoche, die er selbst nie kennengelernt hat, den Flugzeugen des Zweiten Weltkriegs und ihren Besatzungen.

Ende der vierziger Jahre, als kleiner Junge, hörte Makanna viele Geschichten über die Luftkämpfe im Krieg. Er hörte sie aus dem Mund der Männer, welche die Bomber und Jäger im zerstörerischsten Konflikt der Menschheitsgeschichte geflogen hatten. Schon damals, nur wenige Jahre nach dem Ende des Krieges, begannen die Einzelheiten zu verschwimmen, doch die Erinnerungen und die Erzähler selbst verfügten noch über genügend Macht, um die Phantasie eines kleinen Jungen anzuregen. Von den Erzählungen neugierig gemacht und auf immer fasziniert vom Traum des Fliegens, wäre Makanna gern Pilot geworden. Seine Sehkraft entsprach jedoch nicht den Anforderungen, und so wandte er sich anderen Interessengebieten zu: Er wurde Maler, Filmemacher und schließlich Fotograf.

Im Verlauf einer Reportage in Nevada stand Makanna 1974 plötzlich Angesicht zu Angesicht seinem Kindheitstraum gegenüber. Bei den Reno Air Races inszenierte eine Gruppe Piloten der Confederate Air Force den Angriff auf Pearl Harbor im Jahr 1944. An diesem Tag tosten japanische Zero über den Wüstenboden, eine mit den Fängen des Todes bemalte P-40 Warhawk, und über allem lag das Brüllen der großen Sternmotoren.

Durch diesen Zufall wurde seine Jugendschwärmerei neu entfacht: Makanna spezialisierte sich auf die Fotografie von Flugzeugen des Zweiten Weltkriegs. Fortan besuchte er Standorte auf der ganzen Welt, um mit seiner Kamera das wahre Wesen dieser faszinierenden Maschinen einzufangen. In den vergangenen zwanzig Jahren hat er zwei Bücher mit Flugzeugfotos sowie eine Reihe von jährlichen Flugzeugkalendern veröffentlicht, alle mit dem bezeichnenden Wort »Ghosts ...« (»Geister ...«) im Titel.

Das vorliegende dritte Buch besteht aus vier Teilen: Erde, Wasser, Luft und Feuer – den vier Elementen, die in der Gedankenwelt von Altertum und Mittelalter die Essenz allen Lebens darstellten. Die vier Abschnitte zeichnen eine großzügig definierte Folge von Kriegsereignissen und Entwicklungen der Luftfahrt nach.

Das erste Kapitel, Erde, umfaßt den Ausbruch des Krieges und die »Luftschlacht um England« – den Angriff gegen die Inselnation und ihre Verteidigung. Als nächstes kommt, unter dem Titel Wasser, der Ozeankrieg, der im Pazifik die Bildung der großen, um einen Flugzeugträger gescharten Flottenverbände mit sich brachte. Im dritten Teil, Luft, geht es um das Fliegen an sich. Hier sind Flugzeuge in großer Vielfalt abgebildet, wie sie in allen Teilen der Welt zum Einsatz kamen, von der Arktis bis zur Sahara. Feuer schließt den Erinnerungsreigen ab, denn schließlich geht es hier um Kampfflugzeuge, deren Hauptzweck die Zerstörung war.

Heutzutage speien die Veteranen – Maschinen und Männer – kein Feuer mehr. Sie alle scheinen dem Charme des Friedens erlegen zu sein und begnügen sich damit, zu fliegen. Geister sind es in der Tat. Im Flug erinnern sie uns nicht an ihre einstige zerstörerische Bestimmung, sondern an die Erfindungsgabe, den Mut und die gemeinschaftlichen Bemühungen, die ihnen Gestalt verliehen und sie in die Lüfte hoben.

Charles Robbins

»England hatte die Wahl, sich für Krieg oder Schande zu entscheiden.

Es hat sich für die Schande entschieden und den Krieg bekommen.«

Winston Churchill (in einer Rede im britischen Unterhaus zum Münchener Abkommen, September 1938)

Erde

»Es gibt ein sicheres Mittel, den Niedergang meines Landes niemals miterleben zu müssen: Im letzten Graben werde ich selbst den Tod finden.«

William III. von England, 1605–1702

Flieger-As des Zweiten Weltkriegs

Gloster „Gladiator“ Mk. II

Als letzter Doppeldecker-Jäger der Royal Air Force verfügte die »Gladiator« über mehrere moderne Charakteristika, u. a. über ein geschlossenes Cockpit und starke Feuerkraft – Eigenschaften, welche den Weg zu künftigen Entwicklungen beim Eindecker wiesen.

Hawker »Hind«

Als Vorkriegsbomber wurde die »Hind« von den Briten während des Krieges vorwiegend als Trainingsflugzeug eingesetzt. Die »Hind« war das letzte in einer langen Reihe von Hawker-Flugzeugen, die bis in die zwanziger Jahre zurückreichte.

»Wer leben will, der kämpfe also, und wer nicht streiten will in dieser Welt des ewigen Ringens, verdient das Leben nicht.«

Adolf Hitler, Mein Kampf, 1924

Eine deutsche Wasserflugzeugbasis
nahe dem Ärmelkanal, 1939

»Schweigend, trauernd, verlassen, zerbrochen verschwindet die Tschechoslowakei im Dunkel.

… Denken Sie nicht, dies sei das Ende. Dies ist erst der Anfang.«

Winston Churchill (in einer Rede im Unterhaus zum Münchener Abkommen, 5. Oktober 1938

Fairey »Swordfish« Mk. II,
Dover, England

Faireys Doppeldecker mit dem treffenden Spitznamen »Stringbag« (Einkaufsnetz) war zwar schon vor Ausbruch des Krieges überholt, jedoch noch während des gesamten Konfliktes im Dienst. Die »Swordfish« spielte eine wichtige Rolle in vielen Aktionen der britischen Marinefliegerverbände (Fleet Air Arm), so bei der Versenkung des Schlachtschiffs *Bismarck* und bei der Zerstörung der italienischen Flotte bei Tarent.

Fairey »Swordfish« Mk. II
an Bord von HMS Tracker.

Obwohl bereits zu Beginn des Krieges ein Auslaufmodell, blieb die militärische Version der Ju 52 dennoch Deutschlands wichtigstes Arbeitspferd für Transport und Nachschub bei Heer und Luftwaffe.

»Heute morgen überreichte der britische Botschafter in Berlin der deutschen Regierung eine ultimative Note des Inhalts, daß, falls sie sich bis elf Uhr nicht dahingehend äußere, daß sie bereit sei, ihre Truppen umgehend aus Polen zurückzuziehen, ein Zustand des Krieges zwischen uns entstehen würde. Ich muß Ihnen nunmehr mitteilen, daß eine derartige Verpflichtung nicht eingegangen ist und daß sich infolgedessen dieses Land im Kriegszustand mit Deutschland befindet.«

Neville Chamberlain (in einer Rundfunksendung am 3. September 1939)

Messerschmitt Me 208/Nord 1101

Eine Variante der in größeren Zahlen gebauten Me108, war die »Nord« als Verkehrs- und Kommandoflugzeug der Luftwaffe konzipiert.

»Ist das letzte Wort gesprochen? Muß alle Hoffnung aufgegeben werden? Ist unsere Niederlage vollendet? Nein! Frankreich ist nicht allein! Es steht nicht allein! Was auch immer geschieht, die Flamme des französischen Widerstandes darf nicht und wird nicht erlöschen!«

Charles de Gaulle (in »L'Appel du 18 Juin«, Rundfunkaufruf der BBC, London, an das französische Volk, 18. Juni 1940)

Fieseler »Storch« vor dem Zeughaus in Berlin, 17. Februar 1939

Messerschmitt Me 108/Nord 1002 »Taifun«

Die »Taifun« mit ihrer Ganzmetallverkleidung, das wichtigste Verkehrsflugzeug der Luftwaffe, war ein Vorgänger der berühmten Messerschmitt Bf109.

»... hinter uns, hinter den Armeen und Flotten Großbritanniens und Frankreichs, schart sich eine Gruppe zerschlagener Staaten und drangsalierter Völker: Tschechen, Polen, Norweger, Dänen, Holländer, Belgier. Über sie alle wird sich die lange Nacht der Barbarei herniedersenken, und nicht ein Hoffnungsstern wird ihnen leuchten.«

Winston Churchill (in einer Rundfunkansprache, London, 19. Mai 1940)

Fieseler Fi. 156D »Storch«

Dieses erste Kurzstart- und Langsamflugzeug (Spitzname: »Fliegender Kübelwagen«) war eine Hauptstütze der Luftwaffe bei Aufklärung und Kommunikation. Sie wurde am 12. September 1943 von Otto Skorzeny bei der Befreiung Mussolinis geflogen, als dieser im Auftrag des Königs von italienischen Partisanen verhaftet worden war und auf dem Campo Imperatore am Gran Sasso d'Italia (Appeninen) festgehalten wurde.

Hitler spricht nach dem »Anschluß« Österreichs vor dem Reichstag

»Die Verteidigung Südenglands wird vier Tage und die Royal Air Force vier Wochen durchhalten. Wir können für die Invasion Englands innerhalb eines Monats garantieren.«

Reichsmarschall Hermann Göring, Oberbefehlshaber der Luftwaffe (auf einem Treffen der Luftwaffen-Stabschefs in Karinhall, 11. Juli 1940)

Hawker »Hurricane« Mk. XIIa

»Hurricanes« waren in der Luftschlacht um England die zahlenmäßig am stärksten vertretenen britischen Jäger. Sie zerstörten mehr Feindflugzeuge, als alle anderen Abwehrsysteme zusammengenommen. Während im Verlauf des Krieges nach und nach modernere Jäger eingesetzt wurden, benutzte man die »Hurricane« zunehmend zur Panzerabwehr und im Erdkampf.

Supermarine »Spitfire« LF Mk. IXe

In den 30er Jahren entwickelt, wurde die »Spitfire« in der Luftschlacht um England zum Symbol britischer Widerstandskraft. Immer wieder auf den neuesten Stand der Technik gebracht, blieb die »Spitfire« während der gesamten Dauer des Krieges an vorderster Front der Jägerentwicklung. Als einziger alliierter Jäger war sie am Ende des Krieges noch ebenso in Produktion wie zu Beginn.

»... ist der Kampf um Frankreich zu Ende. Nun steht die Schlacht um England bevor. Von dieser Schlacht hängt das Überleben der christlichen Zivilisation ab. Wenn wir sie verlieren, wird die gesamte Welt, einschließlich der Vereinigten Staaten, einschließlich all dessen, was wir kennen und lieben, im finstersten Mittelalter versinken. Tun wir daher unsere Pflicht, und verhalten wir uns so, daß man, wenn das Britische Empire und sein Commonwealth auch tausend Jahre alt werden, immer noch sagen wird: ›Dies war ihre größte Stunde.‹«

Winston Churchill (in einer Rede im Unterhaus, 18. Juni 1940)

Bf109 des Luftwaffengeschwaders »Schwarzer Kater«

Schnell und robust, war sie der wichtigste Jäger der deutschen Luftwaffe während des gesamten Zweiten Weltkrieges. Der mit 352 Luftsiegen erfolgreichste Jagdpilot des Krieges, Major Erich Hartmann, flog meistens die 109. Die Bayerischen Flugzeugwerke (Bf) waren 1938 in die Messerschmitt AG (Me) umgewandelt worden.

Messerschmitt Bf109 G-2 Tropa

»Ich höre nun aus London nur ein Geschrei – es ist nicht das Geschrei der Massen, sondern das der Politiker – daß der Kampf ... fortgesetzt werden müsse. ... Es tut mir fast weh, wenn mich das Schicksal dazu ausersehen hat, das zu stoßen, was durch diese Menschen zum Fallen gebracht wird.«

Adolf Hitler (Rede vor dem Reichstag, 19. Juli 1940)

Adolf Hitler auf einem NSDAP-Parteitag in Nürnberg

»Tausende wie ihr in diesem Land mußten ihre Häuser verlassen und wurden von ihren Vätern und Müttern getrennt. Meine Schwester, Margaret Rose, und ich haben großes Mitleid mit euch, denn wir wissen aus eigener Erfahrung, was es bedeutet, von denen getrennt zu sein, die wir am meisten lieben. Euch, die ihr jetzt in einer neuen Umgebung lebt, senden wir eine Botschaft aufrichtigen Mitgefühls, und gleichzeitig möchten wir den freundlichen Menschen danken, die euch auf dem Land bei sich aufgenommen haben. Wenn der Frieden kommt, denkt daran, daß es an uns, den Kindern von heute, sein wird, die Welt von morgen zu einem besseren und glücklicheren Ort zu machen. Meine Schwester ist hier neben mir, und wir beide werden euch jetzt eine gute Nacht wünschen. Los, Margaret. Gute Nacht, Kinder. Gute Nacht und viel Glück euch allen.«

Prinzessin Elizabeth (im Alter von 14 Jahren im Rundfunk an die Londoner Kinder, die von ihren Familien getrennt, aus ihren Häusern evakuiert und aufs Land geschickt worden waren, 13. Oktober 1940)

Kinder bei der Evakuierung aus London, 13. Juni 1940

Heinkel He 111 (hier: nach dem Krieg in Rumänien in Lizenz gebaute C.A.S.A. 2111) mit der später eingeführten ovalen Vollsichtkanzel (»Gewächshaus«)

Eine Heinkel 111 über London, 7. September 1940

Zu Beginn des Krieges war die He 111 der zahlenmäßig bedeutendste Bomber der deutschen Luftwaffe. Wegen ihrer zu schwachen Abwehrbewaffnung war sie jedoch sehr anfällig für Jägerangriffe und wurde deshalb später zum Transportflugzeug relegiert.

Junkers Ju 87 »Stuka« (Nachbau)

»Wir machen weiter bis zum Ende, wir werden in Frankreich kämpfen, wir werden auf den Meeren und Ozeanen kämpfen, wir werden mit wachsender Zuversicht und zunehmender Stärke in der Luft kämpfen, wir werden unsere Insel verteidigen, was immer es kosten mag, wir werden an den Stränden kämpfen, wir werden an den Landestellen kämpfen, wir werden auf den Feldern und in den Straßen kämpfen, wir werden auf den Hügeln kämpfen; wir werden uns niemals ergeben.«

Winston Churchill (Rede im Unterhaus nach der Niederlage von Dünkirchen, 4. Juni 1940)

Junkers Ju 87 »Stuka«

Eine schreckenverbreitende Waffe in der Anfangsphase des Krieges, war der Stuka (Sturzkampfbomber) das Symbol des »Blitzkriegs«. Seine Langsamkeit und schlechte Manövrierfähigkeit bedeuteten jedoch, daß er nur in Gegenden eingesetzt werden konnte, wo die Luftwaffe die Lufthoheit hatte.

London, »Feuersturm«, 29. Dezember 1940

Hawker »Hurricanes«,
September 1940

Supermarine »Spitfire« Mk. IX

Supermarine »Spitfire« Mk. IXe

Supermarine »Spitfire« Mk. Vc

Supermarine »Spitfire« Mk. XIV

Squadron Leader (Fliegermajor) B. J. E. Lane, Kommandeur der 19th Squadron, Fowlmere Aerodrome bei Duxford, Cambridgeshire, England, 27. September 1940

»Wir waren junge Jägerpiloten, fast noch Schuljungen. Manche von uns waren in Sichtweite der Flugplätze aufgewachsen. Während der Luftschlacht um England flog ich oft nach Portsmouth und konnte dabei auf mein Elternhaus heruntersehen. Es war eine sehr persönliche Angelegenheit. Du stiegst in dein Flugzeug und fühltest die Angst, die jeder fühlt, wenn er in die Schlacht geht. Über allem aber lag dieses Gefühl, wenn du und deine Kameraden nicht bei jeder Operation, zu der sie starteten, ihr Bestes gaben, dann würden alle diese Deutschen dein Land, deine Heimat überrennen und alles zerstören, was dir heilig war.«

Roland P. Beaumont, Oberstleutnant der Royal Air Force

»Die vom Schicksal bestimmte Stunde schlägt uns in diesem Augenblick. Die Stunde der unwiderruflichen Entscheidung ist gekommen. Den Botschaftern von Großbritannien und Frankreich ist eine Kriegserklärung ausgehändigt worden. Italiener, greift zu den Waffen und zeigt eure Zähigkeit, euren Mut, eure Tapferkeit«

Benito Mussolini, (selbsternannter) Oberbefehlshaber der Italienischen Streitkräfte
(nationale Rundfunksendung vom Balkon des Palazzo Venezia, 10. Juni 1940)

Hitler und Mussolini beim Manöver

Bristol »Blenheim« Mk. IVT

Bristol »Blenheim« Mk. IVT

Die »Blenheim« wurde aus einem Transportflugzeug entwickelt, das 1935 einen von einer britischen Zeitung gesponserten Design-Wettbewerb gewonnen hatte. Als leichter Bomber und Nachtjäger leistete die »Blenheim« der Briten während der ersten drei Kriegsjahre treue Dienste, obwohl sie wegen ihrer unzureichenden Bewaffnung äußerst verwundbar war.

Eine »Blenheim«-Besatzung beim Berühren einer Glatze, was Glück bringen soll

»In Wahrheit geht es dem Dorf gar nicht so schlecht. Die Menschen leben hier immer noch von Netz und Pflug, vom Angeln und Vogelfang, von Land und See. Die Meergänse sitzen weiterhin abends auf den Schlickbänken und quarren zu Tausenden. Hoch oben brummen die Bomber, Suchscheinwerfer verzieren den Himmel mit der phantastisch schönen Geometrie des Krieges. Dumpf donnern die Kanonen. Bomben haben das Dorf getroffen. Sechs von ihnen fielen zwischen die Austernschuppen, zwei auf die Hauptstraße, und eine schüttelte unter ohrenbetäubendem Knall die Fenster des Fishermen's Club. Aber nicht einer der Männer unter der buntgemischten Gesellschaft in dem kleinen Lokal, wo ausgestopfte Wildenten glasig blicken, verschüttete sein Bier.«

J. Wentwort Day, »An East Coast Village in War Time«, in: Country Life, 3. Mai 1941

Britischer Soldat, eine verunglückte
Bf109 bewachend, 25. Oktober 1940

Messerschmitt Bf109G-2 Trop

Supermarine
»Spitfire« Mk. IXb

»Dies ist kein Krieg von Häuptlingen oder Prinzen, von Dynastien oder von nationalem Ehrgeiz. Dies ist ein Krieg von Völkern, die für ihre Sache kämpfen. Millionen Menschen, nicht nur auf dieser Insel, sondern in jedem Land, werden in diesem Krieg treue Dienste leisten, doch wird niemand ihre Namen hören oder von ihren Taten erfahren. Dies ist ein Krieg der Namenlosen; mögen sie alle kämpfen ohne Fehl in Treue oder Pflicht, so wird sich unser Zeitalter von dem bösen Fluch namens Hitler befreien.«

Winston Churchill (Rundfunksendung, London, 14. Juli 1940)

Pilot der Royal Air Force, Duxford, Cambridgeshire, England, 1940

CK

Squadron Leader (Fliegermajor)
Douglas R. S. Bader, Duxford,
Cambridgeshire, England, 26.
September 1940

Hawker »Hurricane« Mk. IIc

Supermarine »Spitfire« Mk. IXb und Supermarine »Spitfire« Mk. IXe

»Der Dank jedes Heims auf unserer Insel, in unserem Empire, ja auf der ganzen Welt ... gilt den britischen Fliegern, die, unbeeindruckt von feindlicher Übermacht, unermüdlich in Angriff und Todesgefahr, im Begriff sind, durch ihre Kühnheit und Hingabe das Blatt des Weltkrieges zu wenden. Niemals haben auf dem Gebiet menschlicher Konflikte so viele so wenigen soviel zu verdanken gehabt.«

Winston Churchill (Rede im Unterhaus zur Rolle der Royal Air Force in der Luftschlacht um England, 20. August 1940)

Piloten der Royal Air Force, 19th Squadron, Duxford, Cambridgeshire, England, 1940

Wasser

»Wenn es nötig ist zu kämpfen, so werde ich in den ersten sechs bis zwölf Monaten des Krieges gegen die Vereinigten Staaten und England wild drauflosdreschen. Ich werde Euch eine ununterbrochene Abfolge von Siegen vorweisen. Aber ich muß Euch auch sagen, wenn sich der Krieg über zwei oder drei Jahre hinzieht, kann ich für unseren letztendlichen Sieg nicht garantieren.«
Admiral Isoroku Yamamoto, Oberbefehlshaber der Kaiserlichen Flotte, zu Kaiser Hirohito vor dem japanischen Überfall auf Pearl Harbor.

»Einst prophezeite ich, diese Generation von Amerikanern werde ein Rendezvous mit dem Schicksal haben. Diese Prophezeiung wird jetzt wahr. Uns wird viel gegeben; mehr noch wird von uns erwartet. Diese Generation wird ›die letzte große Hoffnung auf Erden auf edle Weise retten oder auf schäbige Weise verlieren‹.«

Franklin D. Roosevelt (Jahresbotschaft an den Kongreß, 4. Januar 1939)

Der Atlantik. Amerikanischer Flugzeugträger auf dem Weg nach Nordafrika, November 1942.

Grumman F3F-2

0972 F3F-2

Fairey »Firefly« Mk. 5

Eigentlich als trägergestütztes Jagd- und Aufklärungsflugzeug gedacht, erwies sich die »Firefly« aufgrund ihrer Größe und Bewaffnung noch wirksamer im Erdkampf. Sie diente während des gesamten Zweiten Weltkriegs bei der britischen Marineluftwaffe (Fleet Air Arm).

Fairey »Firefly« Mk. 5 vor den weißen Felsen von Dover

»Um ein Volk groß zu machen, muß man es in die Schlacht schicken, selbst wenn man es dafür in den Hosenboden treten muß. ... Wenn wir diese Gelegenheit nicht beim Schopf ergreifen, unsere Marine gegen die britischen und französischen Streitkräfte antreten zu lassen, was hat es dann für einen Nutzen gehabt, eine Kriegsschifftonnage von 600 000 Tonnen zu bauen?«

Benito Mussolini (zu König Viktor Emmanuel III., 13. Mai 1940)

Eine Vought-Sikorsky OS2U »Kingfisher« wird während Operationen im Mittelmeer von Deck der USS Texas katapultiert.

N1214N
J2F-6
U.S.NAVY
J-7

»Was die Welt denkt?

Das interessiert mich nicht,

ebensowenig wie mein eigenes Leben,

denn ich bin das Schwert meines Kaisers.«

Admiral Isoroku Yamamoto, Oberbefehlshaber der Kaiserlichen Marine, am 7. Dezember 1941

Japanischer Pilot

Mitsubishi A6M5-52 »Zero«

Beherrscherin des asiatisch-pazifischen Luftraums bis zur Schlacht von Midway (Juni 1942), beeindruckte dieser berühmte japanische Jäger die Alliierten zu Beginn des Krieges. Er war äußerst wendig, aber auch zerbrechlich und nur leicht bewaffnet.

»Wir, durch himmlische Gnade Kaiser von Japan, auf dem Thron einer seit ewigen Zeiten ununterbrochenen Dynastie, teilen euch, unseren treuen und tapferen Untertanen, mit: Wir erklären hiermit den Vereinigten Staaten von Amerika und dem Britischen Empire den Krieg.«

Kaiser Hirohito (formelle Kriegserklärung, Tokio, 7. Dezember 1941)

»Da ich (annahm, daß ich) nun sterben würde, beschloß ich, den Feind mit mir zu nehmen. Ich riß den Bomber scharf herum und raste direkt auf ihn zu. Der Pilot schien über mein Manöver zu erschrecken und flüchtete. Ich fragte mich: ›Ist das der sogenannte Krieg?‹«

Stabsunteroffizier Juzo Mori
(Pearl Harbor, 7. Dezember 1941)

In der Kanzel eines japanischen Bombers

Zwei Nakajima B5N »Kate«
(Nachbauten)

Als in der Frühphase des Krieges an der Front eingesetzter japanischer Torpedobomber war die »Kate« – neben »Zero« und »Val« – das dritte Flugzeug der erfolgreichen Triade, der die Japaner ihren militärischen Erfolg in den frühen Stadien des Krieges verdankten.

Drei Aichi D3-A »Val«
(Nachbauten)

Als Japans Sturzkampfbomber zu Beginn des Krieges führten die »Val« die Bomberangriffe auf Pearl Harbor an. Später im Krieg waren sie nur noch für Kamikaze-Flüge nützlich.

»Tora ... Tora ... Tora ...« (»Tiger ... Tiger ... Tiger ...«)

Commander Mitsuo Fuchido (hiermit die Kaiserliche Japanische Flotte vom Erfolg des Angriffs auf Pearl Harbor in Kenntnis setzend, 7. Dezember 1941)

»Gestern, am 7. Dezember 1941 – ein Datum, das auf ewig verrufen sein wird –, sind die Vereinigten Staaten von Amerika plötzlich und vorsätzlich von See- und Luftstreitkräften des Kaiserreichs Japan angegriffen worden. Ganz gleich, wie lange es dauern mag, diese vorsätzliche Invasion zurückzuschlagen: Das amerikanische Volk wird, in seiner rechtschaffenen Macht, letztendlich den absoluten Sieg erringen.«

Franklin D. Roosevelt (Botschaft an den Kongreß, in der er die Erklärung des Kriegszustands mit Japan forderte, 8. Dezember 1941)

Grumman (General Motors)
FM-2 »Wildcat«

Als Jäger der US-Marine, der es endlich mit der japanischen »Zero« aufnehmen konnte, war die »Wildcat« zwar nicht so wendig wie ihr Gegner, doch durch Taktik, Feuerkraft und Robustheit konnten sich die amerikanischen Piloten nun durchaus mit den Japanern messen.

Grumman (General Motors) FM-2 »Wildcat«

Grumman (General Motors)
FM-2P »Wildcat«

Nach dem Start von einem Flugzeugträger im Pazifik

»Hier spricht H. B. Kaltenborn aus der NBC-Nachrichtenzentrale.

Es ist jetzt offenkundig, daß sich die Welt, die ganze Welt, im Krieg befindet.«

H. B. Kaltenborn (New York, 8. Dezember 1941)

Grumman F6F-5K »Hellcat«

Als Nachfolgemodell der F4F »Wildcat« war die »Hellcat« das wohl wichtigste Jagdflugzeug der US-Marine. Die Abschußrate gegenüber den japanischen Flugzeugen betrug 19:1, und dank der »Hellcat« besaßen die USA während der letzten Kriegsjahre die Lufthoheit im pazifischen Raum.

USS Cowpens auf hoher See, Juli 1945

Grumman
(General Motors) FM-2
»Wildcat«
(im Vordergrund),
Grumman F6F-5N
»Hellcat«

»Der Präsident der Vereinigen Staaten befahl mir, die japanischen Linien zu durchbrechen und von Corregidor nach Australien vorzurücken. Ich kam durch, und ich werde zurückkehren.«

General Douglas MacArthur (Alice Springs, Australien, 11. März 1942)

Ole Fang
7
32

Oberlt. z. S. Alex Vraciu in seiner F6F »Hellcat« an Bord der USS Lexington einige Tage nachdem er während des »Marianas Turkey Shoot« (»Truthahnschießen über den Marianas«) in nur acht Minuten sechs Luftsiege errungen hatte, Juni 1944

Grumman F6F-3 »Hellcat«

Vought (Goodyear)
FG-1D »Corsair«

Vought (Goodyear) FG-1D »Corsair«

Dem Vernehmen nach das beste trägergestützte Jagdflugzeug des Krieges, wurde die »Corsair« zum ersten Mal 1943 von Guadalcanal (Salomonen) aus eingesetzt, doch verzögerte die US-Marine ihren Einsatz auf Flugzeugträgern bis 1944. Die Vielseitigkeit der »Corsair« wurde von US-Marineinfanterie-Einheiten unter Beweis gestellt, die von den Pazifikinseln aus operierten. Die Japaner nannten die »Corsair« den »Pfeifenden Tod«.

Weil ihnen Baseball-Kappen fehlten – die traditionelle Kopfbedeckung der Flieger der Marineinfanterie im Südpazifik –, sandten Mitglieder von Major »Poppy« Boyingtons Jäger-Schwadron ein Bittgesuch an die Spieler der US-Meisterschaft. Bald darauf trafen 20 Kappen von den Saint Louis Cardinals ein. Dezember 1943

Vought (Goodyear) FG-1D
»Corsair«

BIG HOG

Vought (Goodyear)
FG-1D »Corsair«

Leutnant z. S. Andy Jagger von der VF-17-Staffel beschreibt Oberlt. H. A. March einen Luftkampf über Rabaud, Februar 1944.

Grumman (General Motors)
TBM »Avenger«

Auf einer Nachschubbasis im pazifischen Raum überholen Mechaniker der Marineinfanterie »Avenger«-Torpedobomber, nachdem sie einen Monat lang, von dem zerstörten Flugplatz Motoyama auf Iwo Jima aus, rund um die Uhr auf Patrouillenflügen eingesetzt waren.

Grumman (General Motors) TBM-3E »Avenger«

Weithin als bester Torpedobomber des Krieges gepriesen, wurde die »Avenger« erstmals in der Schlacht von Midway eingesetzt. Diese Maschinen unternahmen auch, von kleinen Begleit-Flugzeugträgern aus, Patrouillenflüge gegen feindliche U-Boote im Atlantik und leisteten so ihren Beitrag zur Sabotierung deutscher U-Boot-Operationen.

Grumman (General Motors) TBM-3U »Avenger«

Douglas SBD-5 (A-24B) »Dauntless«

»Langsam, aber tödlich«, war die SBD zu Beginn des Krieges eigentlich schon überholt, leistete aber trotz mangelnder Kraft und Geschwindigkeit während des ganzen Krieges einfach deshalb noch gute Dienste, weil kein anderes amerikanisches Flugzeug eine Leistungsverbesserung erbrachte.

Mannschaft bei Arbeiten an einer Douglas »Dauntless«

Decksmannschaft sichert SBD »Dauntless« an Bord der USS Yorktown, Oktober 1943.

Eine Curtiss SB2C »Helldiver« kehrt zur USS *Hornet* zurück. Chinesisches Meer, 1945.

Curtiss SB2C-5 »Helldiver«

Spitzname: »The Big-tailed Beast« (»Das großschwänzige Biest«). Obwohl weniger leistungsfähig als das Vorgängermodell, die »Dauntless«, wurde die »Helldiver« massenhaft bei der US-Marine eingesetzt, weil Sturzkampfbomber im Krieg der Flugzeugträger lebenswichtig waren.

Ein Dschungelelefant schleppt auf einem Fluglatz nahe dem Indischen Ozean eine »Corsair« der britischen Marineluftwaffe.

Vaught F4U-1A »Corsair«

Luft

»Hitler hat eine Festung um Europa gebaut, aber er hat das Dach vergessen.«

Franklin D. Roosevelt

Curtiss P-40N »Warhawk«

Gewöhnlich als eines der schwächeren Jagdflugzeuge verunglimpft, wurde die »Warhawk« dennoch in großen Stückzahlen hergestellt und stand in den trostlosen ersten Tagen des Krieges zur Verfügung. Sie kam zu Ruhm, als die American Volunteer Group, »Flying Tigers« genannt – eine Gruppe amerikanischer Jagdflieger, die als private Söldnertruppe von Dezember 1941 bis Juli 1942 auf der Seite Tschiang Kai Scheks in China gegen die Japaner kämpfte –, mit 100 älteren »Warhawks« ausgerüstet wurde und zahlreiche Luftsiege errang.

Eine P-40 der Royal Air Force wird von einem Mann der Besatzung durch einen Sandsturm in der Libyschen Wüste dirigiert, 1942.

Eine in Amerika gebaute P-40 »Kittyhawk« wird nach dem Eintreffen auf einer Wartungsstation im Nahen Osten einem Motortest unterzogen. Curtiss P-40 wurden als »Kittyhawk« und »Tomahawk« im Rahmen des Leih-Pacht-Systems an die Briten verkauft.

»Wir müssen das große Waffenarsenal der Demokratie sein.

Dies ist für uns ein so ernster Notfall wie der Krieg selbst.«

Franklin D. Roosevelt, Kamingespräch, 29. Dezember 1940

Curtiss P-40M »Kittyhawk«

Curtiss P-40E »Warhawk«,
Alëuten 1943

Curtiss P-40N »Warhawk«

Curtiss P-40K »Warhawk«

Messerschmitt Bf109G-2 Trop

North American P-51D »Mustang«

»Les sanglots longs des violins de l'automne ...«
(»Die langen Seufzer der Herbstviolinen ...«)

Paul Verlaine (an die französische Résistance gerichtete kodierte Rundfunkansage aus London, im Klartext: »Die Landung findet in wenigen Tagen statt«, Anfang Juni 1944)

North American P-51D »Mustang«

Als bester Geleitjäger des Krieges verfügte die »Mustang« über die Langstreckenfähigkeiten, die nötig waren, um Bomber von England tief ins Innere Europas und von Iwo Jima nach Japan zu geleiten. Viele Fachleute sind sich darin einig, daß die »Mustang« der beste Allzweckjäger des Zweiten Weltkriegs war.

North American P-51D »Mustang«

GUNFIGHTER

Elf Piloten der Neunten Air Force,
354. Mustang-Gruppe »Pioneer«

North American P-51D
»Mustang«

Diese »Mustang« ist zur Identifizierung der alliierten Flugzeuge bei den amphibischen Landungen in der Normandie mit schwarz-weißen »Invasionsstreifen« bemalt.

North American
P-51A »Mustang«

»Uns wen'ge, uns beglücktes Häuflein Brüder: Denn welcher heut sein Blut mit mir vergießt, Der wird mein Bruder!«

William Shakespeare,
Heinrich V., 4. Akt, Szene III

North American P-51D »Mustang«

»... blessent mon cœur d'une langueur monotone.«
(»... verwunden mein Herz mit monotoner Sehnsucht.«)

Paul Verlaine (an die französische Résistance gerichtete kodierte Rundfunkansage aus London, im Klartext: »Die Landung findet in 24 Stunden statt«, 5. Juni 1944)

North American P-51D »Mustang«

»Meine Freunde: Gestern, am 4. Juni 1944, fiel Rom an amerikanische und alliierte Truppen. Die erste der Achsen-Hauptstädte ist jetzt in unserer Hand. Eine weniger, zwei liegen noch vor uns.«

Franklin D. Roosevelt (Kamingespräch, 5. Juni 1944)

North American P-51D »Mustang«

North American P-51D »Mustang«

Eine P-47D mit Besatzung vom 82. Geschwader, 78. Jägergruppe, Achte Air Force, stationiert auf dem Duxford Aerodrome, Cambridgeshire, England, vor der Invasion in der Normandie, 1944

»Soldaten, Matrosen und Flieger der Alliierten Expeditionsstreitmacht! Ihr steht im Begriff, euch auf den großen Kreuzzug zu begeben, auf den wir all diese Monate hingearbeitet haben. Die Augen der Welt sind auf euch gerichtet. Die Hoffnungen und Gebete der freiheitsliebenden Menschheit begleiten euch. Das Blatt hat sich gewendet. Ich habe volles Vertrauen in euren Mut, euer Pflichtbewußtsein und euren Kampfgeist. Wir werden uns mit nichts weniger als dem vollständigen Sieg begnügen.«

Dwight D. Eisenhower, Oberbefehlshaber der Alliierten Expeditionsstreitmacht, 5. Juni 1944

Republic P-47D-25-RE »Thunderbolt« über dem Duxford Aerodrome

Republic P-47D
»Thunderbolt«

»Die Schlacht von Frankreich hat begonnen. In der Nation, dem Weltreich und den Armeen gibt es nur noch eine gemeinsame Hoffnung: Hinter der schweren Wolke unseres Blutes und unserer Tränen beginnt erneut die Sonne unserer Größe hervorzuscheinen.«

Charles de Gaulle (Rundfunksendung der BBC an das französische Volk, 6. Juni 1944)

Republic P-47N »Thunderbolt«

Als Abfangjäger für große Höhen konzipiert, war die »Jug« äußerst wirkungsvoll im Erdkampf sowie als Langstrecken-Begleitflugzeug auf Bomberflügen nach Deutschland. Groß, robust und schnell, war sie auf allen Kriegsschauplätzen zu finden.

H
490447

»Menschen Westeuropas! Heute morgen landeten Truppen der Alliierten Expeditionsstreitmacht an der französischen Küste. Die Stunde Eurer Befreiung naht.«

Dwight D. Eisenhower, Oberbefehlshaber der Alliierten Expeditionsstreitmacht, 6. Juni 1944

Oberstlt. Eugene P. Roberts, Commander der 84. (US-)Jägerstaffel, Duxford, Cambridgeshire, England, 1944

Republic P-47D »Thunderbolt«

»Amerikanische Landsleute! Als ich gestern abend über den Fall Roms sprach, wußte ich bereits, daß Truppen der Vereinigten Staaten und unserer Verbündeten in einer weiteren, noch größeren Operation dabei waren, den Ärmelkanal zu überqueren. Bisher ist dabei alles glattgegangen.«

Franklin D. Roosevelt (Rundfunkansprache, 6. Juni 1944)

Douglas C-47 »Skytrain«

Abgeleitet von der Familie der kommerziellen Passagierflugzeuge DC-2 und DC-3, diente der »Skytrain« auf allen Schauplätzen in jeder erdenklichen Rolle. Robust und zuverlässig, wie sie war, transportierte sie Lasten ebenso wie Generäle und Fallschirmjäger.

»Allmächtiger Gott: Unsere Söhne, Stolz unserer Nation, haben mit dem heutigen Tag ein gewaltiges Unternehmen in Angriff genommen, einen Kampf zur Bewahrung unserer Republik, unserer Religion und unserer Zivilisation, und um die leidende Menschheit zu befreien. ... Hilf uns, Allmächtiger, uns in dieser Stunde großer Opfer in erneuertem Glauben an Dich der großen Sache hinzugeben.«

Franklin D. Roosevelt (Rundfunksendung, Gebet aus Anlaß der Landung alliierter Truppen in der Normandie, 6. Juni 1944)

Douglas C-47-10-DK »Dakota«

Lockheed P-38J »Lightning«

Oberlt. Raymond
S. Cicerone, 1943

Lockheed P-38J »Lightning«

Die Deutschen nannten dieses Flugzeug den »Gabelschwanzteufel«. Obwohl für einen Jäger etwas groß geraten, wurde er dennoch seiner Aufgabe gerecht. Im pazifischen Raum erzielten Amerikas Fliegerasse Bong und McGuire ihre Erfolge mit der »Lightning«. Im April 1943 schoß eine »Lightning«, geflogen von Oberlt. Thomas Lanphier, Admiral Yamamotos Maschine ab, der japanische Flottenchef kam dabei ums Leben. Auch der französische Flieger-Poet Saint Exupérie (»Der kleine Prinz«) flog seit Ende 1943 eine »Lightning« und blieb damit über dem Mittelmeer verschollen.

Lockheed P-38J-20-LO
»Lightning«

Mitsubishi A6M5-52 Typ O
»Zero«

Oberlt. Lefty Gardner nach der Verleihung
des DFC (Distinguished Flying Cross), 1944

Lockheed P-38L
»Lightning«

UF
J
L

Bell P-39 »Airacobra« der Royal Air Force, Staffel No. 106, während eines Pressetages, Oktober 1941

Bell P-39Q »Airacobra«

Das Besondere an diesem amerikanischen Jagdeinsitzer war, daß der Motor hinter die Pilotenkabine verlegt worden war, um in der Rumpfnase Platz für die Bordkanone zu schaffen. Die »Airacobra« war bereits früh im Krieg als Jäger überholt, wurde aber danach noch verbreitet im Erdkampf eingesetzt. Ungefähr 4700 »Airacobra« wurden an die Sowjetunion geliefert, die das Flugzeug für Tiefangriffe und zur Panzerbekämpfung einsetzte.

Bell P-63F »Kingcobra«

Eine Weiterentwicklung der P-39, war die »Kingcobra« ein hervorragendes Flugzeug, das jedoch niemals von den Vereinigten Staaten operativ eingesetzt wurde. Im Rahmen des Leih-Pacht-Systems wurde es in großen Stückzahlen als Erdkampf-Flugzeug an die Sowjetunion und Frankreich geliefert.

Jakolew LET C.11
»Moose«

Drei Mikojan-Gurewitsch
Mig 3

»Die deutschen Truppen ähneln jetzt einem verwundeten Raubtier, das gezwungen ist, zu der Umgrenzung seines Reviers – Deutschland – zurückzukriechen, um seine Wunden zu heilen. Aber ein verwundetes Raubtier hört nicht auf, ein gefährliches Raubtier zu sein. Um unser Land und die mit uns verbündeten Länder von der Gefahr der Unterdrückung zu befreien, muß man dem verwundeten Raubtier dicht auf den Fersen bleiben und es in seinem eigenen Revier erledigen. Lang lebe unser sowjetisches Vaterland! Lang lebe unsere Rote Armee und Marine! Lang lebe das große Sowjetvolk! Lang lebe die Freundschaft der Völker der Sowjetunion! Lang leben die sowjetischen Kämpfer und Kämpferinnen! Ewiger Ruhm den Helden, die in den Schlachten für die Freiheit und Unabhängigkeit unseres Vaterlands gefallen sind! Tod den deutschen Invasoren!«

Joseph Stalin (Tagesbefehl vom 1. Mai 1944)

Jakolew LET C.11 »Moose«

Fiat G-59-4B

Martin B-26C-T
»Marauder«

Douglas A-26C »Invader«

135 071

De Havilland B Mk. 35
»Mosquito«

Ursprünglich als Schnellbomber konzipiert, wurde die britische »Mosquito« rasch zu einem potenten Kampfflugzeug weiterentwickelt. Mehrere Abschnitte des Flugzeugs waren aus Gründen der Gewichts- und Materialersparnis aus Furnierholz gefertigt. Die populäre »Mossie« war extrem vielseitig, sie diente als Jäger, Bomber und Fotoaufklärer.

Ein Luftwaffenhelferin der Women's Auxiliary Air Force (WAAF) der Royal Air Force in Ägypten

1941 entwickelt, entstand die »Lancaster« aus den Erfordernissen des Krieges heraus. Sie wurde als erster schwerer Bomber der Briten betrachtet und von manchen Beobachtern auch als bester Bomber beiderseits der Fronten gelobt. Als »Dam Busters« (»Dammknacker«) zerstörte die geheime »Lancaster«-Sonderstaffel 617, die unter dem Kommando von Oberstlt. Guy Gibson für diese Aufgabe besonders trainiert worden war, mit ihren »bouncing bombs«, den aus genau 18 m Höhe abgeworfenen und über die Wasseroberfläche »hüpfenden« Bomben, die Eder- und die Möhnetalsperre, um die Industriewasser- und Energieversorgung des Ruhrgebiets zu stören.

Avro »Lancaster« B. Mk. X

Avro »Lancaster« B. Mk. I

R A
A

Oberst Fred J. Christensen, Jr., 8. (U.S.) Air Force, 1944

»Warum sollten wir die Gefühle verbergen, von denen wir alle erfüllt sind. ... Paris hat sich erhoben und von eigener Hand befreit! Paris! Paris mißhandelt! Paris zerbrochen! Paris zum Märtyrer gemacht! Aber nun – Paris befreit! Befreit durch sich selbst, befreit durch seine Bevölkerung mit Hilfe der Armeen Frankreichs, mit Unterstützung und Hilfe ganz Frankreichs, eines kämpfenden Frankreichs, Frankreichs allein!«

Charles de Gaulle (im Hôtel de Ville, dem Pariser Rathaus, am 26. August 1944)

Boeing B-17G »Flying Fortress«

Aus der langen Vorkriegsdebatte in Amerika über den Wert strategischer Bombardierungen ging die »Fliegende Festung« hervor. Sie wurde zum Symbol der amerikanischen Tagesangriffe gegen Deutschland.

2
C
238050
U
U
BN

Boeing B-17G
»Flying Fortress«

»Nachdem wir endlich den ›Buckel‹ hinter uns hatten, flogen wir über einer Wolkendecke, durch die wir uns dann ins Yangtse-Tal hinabgleiten ließen. Und da lag nun China! Eine erstaunliche Landschaft aus Tausenden kultivierter Reisfelder. Zum ersten Mal in meinem Leben hatte ich das Gefühl, in einer anderen Welt zu sein – einer, die man nicht mit einem ›Na, das sieht ja wie Texas aus‹ oder ›Hier sieht es wie in Iowa aus‹ beschreiben konnte.«

Captain William O'Malley, 23. April 1944

Boeing B-17 »Flying Fortress« über den österreichischen Alpen, 1945

B-17 der 452. Bombergruppe, 8. Air Force, ziehen Kondensstreifen über Berlin.

Boeing B-17G »Flying Fortress«

Consolidated B-24J »Liberator«

Die »Liberator« war eine Hauptstütze der amerikanischen Bomber-Operationen – nicht nur auf dem europäischen, sondern auch auf dem asiatischen Kriegsschauplatz. Die »Lumbering Lib« (»Schwerfällige« oder »Rumpelnde Lib«) wurde in größeren Stückzahlen als jedes andere amerikanische Flugzeug gebaut.

Oberst Charles F. McKenna III, 781. (US) Bomberstaffel, Pantanella AAB (Army Air Base), Italien 1945

»Für wen halten die uns denn? Ist es möglich, daß sie nicht merken, daß wir niemals gegen sie lockerlassen werden, bis wir ihnen eine Lektion erteilt haben, die sie und die Welt niemals vergessen werden.«

Winston Churchill (Ansprache an ein Plenum beider Häuser des US-Kongresses)

Waffen-Crew der 781. (US) Bomberstaffel, Pantanella AAB (Army Air Base), Italien, 1944. Aufschrift auf der Bombe: »Hier ist ein Ei für Hitlers Osterkorb«

Mechaniker-Crew der B-29, 1945

»Es war die B-29, und nur die B-29, die Tonnen über Tonnen Bomben über Japan abwerfen konnte. Die Flotte konnte es nicht; die Marineflieger konnten es nicht; die Heeresflieger konnten es nicht. Die B-29 konnten es.«

General Henry Harley »Hap« Arnold

Boeing TB-29A »Superfortress«

Die Fortsetzung des strategischen Bomber-Konzepts führte zur Entwicklung der »Superfortress« mit ihrer großen Reichweite, modernen Waffentechnik und hohen Bombenlast. Über 95 Prozent der 177 841 Tonnen über dem japanischen Mutterland abgeworfenen Bomben fielen aus den Schächten von »Superfortress«. Zum Abwurf der Atombomben auf Hiroschima und Nagasaki (6. bzw. 9. August 1945) wurden die »Superfortress« Enola Gay und Bock's Car von Tinian, einer der Marianen-Hauptinseln, aus eingesetzt.

Grumman XF8F-1 »Bearcat«

Silhouetten erbeuteter Flugzeuge

Grumman F7F-3P »Tigercat«

HOWARD PARDUE
14
14

Supermarine »Spitfire« LF Mk. XVIe

Hawker »Sea Fury« F.B. II

Supermarine »Spitfire« FR Mk. XIV

»Spitfire« der Royal Air Force
auf den Kokosinseln, 1945

Feuer

»Meine liebe Mutter, | Ich bin ein leerer Traum ... | Wie Schnee im Sommer, der auf den Bergen liegengeblieben ist. | Ich fühle mein warmes Blut in mir rinnen, | Und das erinnert mich daran, daß Ich am Leben bin. | Meine Seele wird ihre Heimat finden im Aufgang der Sonne. | Wenn Du traurig bist, sieh die Morgendämmerung in all ihrer Schönheit. | Dort wirst Du mich finden.«

Letztes Gedicht eines Kamikaze-Piloten vom Sonderangriffskorps der japanischen Marineluftwaffe, Stützpunkt Chiran, Kagoshima, Japan, 1945

»Es gibt keinen anderen Weg, zu beschreiben, was ein Kämpfer tun sollte, als daß er den Weg des Kämpfers beschreiten sollte. Mit Weg des Kämpfers ist der Tod gemeint. Es bedeutet, sich für den Tod zu entscheiden, wann immer eine Entscheidung zwischen Leben und Tod ansteht. Es bedeutet nichts weiter als das.«

Yamato Tsunenori, Ha Gakure, 17. Jahrhundert

Eine deutsche V 1 – »V« stand für »Vergeltungswaffe« –, ein unbemannter Flugkörper Fieseler Fi 103, wie die V 2 eine von Hitlers »Wunderwaffen«, geht auf Londons Innenstadt nieder. 2350 »Doodlebugs« (»Wünschelruten«) stürzten insgesamt über London ab. Dabei kamen 5745 Menschen ums Leben, weitere 15 000 wurden verletzt.

Bell P-63 »Kingcobra« beim Abfeuern von Leuchtspurgeschossen

»Mit dieser Unterschrift sind das deutsche Volk und die deutsche Wehrmacht auf Gnade und Ungnade den Siegern ausgeliefert. ... Ich kann in dieser Stunde nur die Bitte aussprechen, daß die Sieger mit ihnen gnädig verfahren mögen.«

General Alfred Jodl zu General Bedell Smith nach Unterzeichnung der bedingungslosen Kapitulation in Reims, 7. Mai 1945

Generaloberst Alfred Jodl, Chef des Wehrmachtführungsstabes und Hitlers engster militärischer Berater, nach Verlassen einer C-47 der U.S. Air Force auf dem Weg nach Reims zur Unterzeichnung der bedingungslosen Kapitulation, 6. Mai 1945

North American P-51D »Mustang«

De Havilland B Mk. 35 »Mosquito«

Hauptmann Ross Messner, Flugartillerist,
nach einer Mission über Deutschland

»Gestern morgen um 2.41 Uhr haben General Jodl, Vertreter des deutschen Oberkommandos, und Großadmiral Dönitz, designiertes Oberhaupt des Deutschen Staates, in General Eisenhowers Hauptquartier die Urkunde der bedingungslosen Kapitulation aller deutschen Land-, See und Luftstreitkräfte in Europa vor der Alliierten Expeditonsstreitmacht und zugleich vor dem Sowjetischen Oberkommando unterzeichnet. Wir können uns nun einen kurzen Augenblick der Freude gestatten.«

Winston Churchill, 8. Mai 1945

Boeing B-17C »Flying Fortress«

Morgendämmerung an Bord der USS Saratoga

Junge Kamikaze-Piloten der 72. Shinbu-Staffel, Sonderangriffskorps, 1945

»Das Jahr ist vergangen,

Und mit ihm so viele Freunde,

Die Verschwundenen, die Ungezählten,

Die Toten.«

Admiral Isoroku Yamamoto,
Oberbefehlshaber der Kaiserlichen Marine,
7. Dezember 1942

Flugzeugattrappe aus Bambus, Flugplatz Yontan, Okinawa, 1945

32
32

»Noch bin ich das Schwert

meines Kaisers.

Ich werde erst weggesteckt,

wenn ich sterbe.«

Haiku-Gedicht von Admiral Isoroku Yamamoto, Oberbefehlshaber der Kaiserlichen Marine, geschrieben wenige Tage vor seinem Tod am 18. April 1943

Ein letzter Blick zurück von Leutnant Tetsujiro Karasawa, 57. Shinbu-Tai des Sonderangriffskorps des Heeres, Stützpunkt Chiran, Kagoshima, Japan, 1945

Leutnant Karasawa empfängt vor seinem letzten Flug mit einem Hayate-Jäger Typ 4/Ki-84 einen Blumenstrauß. Stützpunkt Chiran, Kagoshima, Japan, 1945

Studentinnen verabschieden einen Piloten des Sonderangriffskorps. Stützpunkt Chiran, Kagoshima, Japan, 1945

Japanisches Flugzeug beim Angriff auf die USS *Sangamon*, Mai 1945

Grumman F6F-5N »Hellcat«

Boeing TB-29A »Superfortress«

»Zur Zeit der Explosion trugen wir Polaroid-Schutzbrillen, wie man sie beim Schweißen benutzt. Sie waren so dunkel, daß durch sie sogar die Tropensonne nicht mehr als ein verschwommener Lichtpunkt war. Dennoch war der Explosionsblitz, als er dann endlich kam, so grell, daß es war, als würde die Nacht zum Tage. Ein paar Sekunden später, als wir unsere Brillen gefahrlos abnehmen konnten, blickten wir zu dem Zielobjekt hinaus und sahen einen mächtigen Feuerball. Er befand sich ungefähr 600 Meter über dem Erdboden und hatte einen Durchmesser von 800 Metern. Dieses Feuer, das eine Hitze von über 5 Millionen Grad (Celsius) entwickelte, begann mit einer Geschwindigkeit von etwa 6000 Meter pro Minute in den Himmel zu schießen. Nach 15 Sekunden hatte sich die Flamme verzehrt und in eine Wolke verwandelt. Wie diese Wolke aussah, wird sich wohl mit Worten niemals beschreiben lassen. Anders als jedes andere Phänomen, das die Welt je erlebt hat, war sie von einer teuflischen Aktivität besessen, so als handelte es sich um eine grauenerregende Form von Leben. Sie war so heiß, daß wir sogar noch in einer Entfernung von 30 Kilometern sehen konnten, wie der Staub von der Erde wie bei einem Wirbelsturm in die Höhe gesogen wurde. In weniger als fünf Minuten stieg die Wolke 18.000 Meter hoch, und dort blieb sie stehen. Als wir näher an sie heranflogen, sahen wir, daß ihre Farbe ein leuchtendes Gelb war, wie Schwefel. Die ganze Zeit blieb sie eine kochende, turbulente Masse und dehnte sich weiter aus, bis sie einen Durchmesser von etwa drei Kilometern erreicht hatte. Aus vorangegangenen Belehrungen wußten wir, daß ihre Aktivität alles zerstören würde, was in ihre Reichweite kam.«

Oberst der RAF Leonard Cheshire, Nagasaki, 9. August 1945

Sonntagsgottesdienst an Bord der USS *Mobile*, August 1943

Sonnenaufgang über einer Curtiss SB2C-5 »Helldiver«

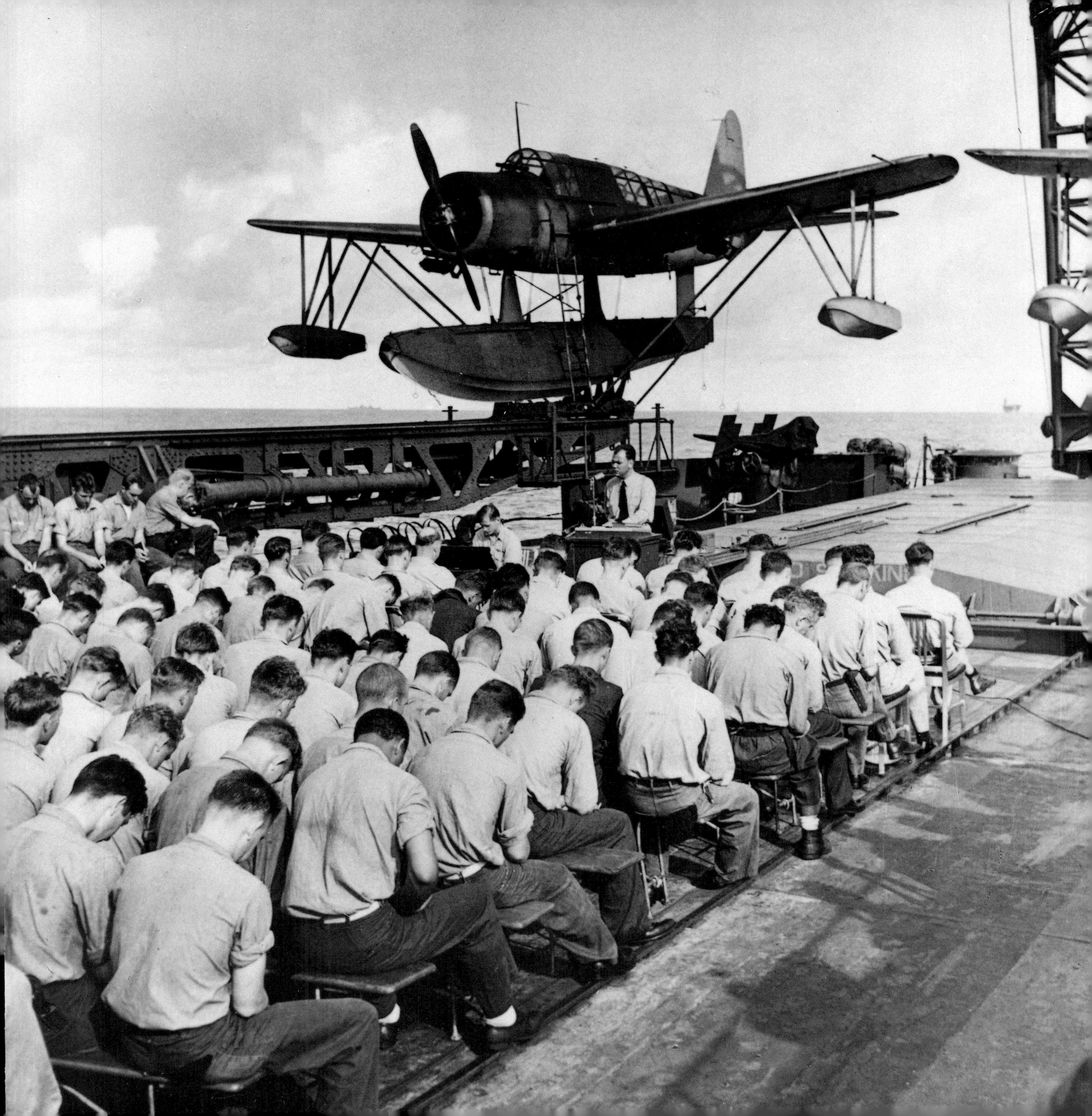

»Ich habe den Krieg gesehen. Ich habe den Krieg zu Lande und zu Wasser gesehen. Ich habe die Verwundeten ihr Blut verströmen sehen. Ich habe Männer sich die vergasten Lungen aus dem Leib husten sehen. Ich habe die Toten im Matsch liegen sehen. ... Ich habe hungernde Kinder gesehen. Ich habe die Qualen von Müttern und Ehefrauen gesehen. Ich hasse den Krieg.«

Franklin D. Roosevelt, Rede zur Internationalen Lage, Chautauqua, New York, 14. August 1936

North American B-25D »Mitchell« über dem Amerikanischen Friedhof bei Madingley, England, Juli 1993

Flugzeugspezifikationen und Index

Abkürzungen:

Motorbauweise:
(S) = Sternmotor, (dS) = Doppelsternmotor, (R) = Reihenmotor, (V) = V-Motor;

Motorhersteller:
DB = Daimler-Benz, P&W = Pratt & Whitney, RR = Rolls-Royce; Nationalitäten: D = Deutschland, GB = Großbritannien, I = Italien, J = Japan, SU = Sowjetunion;

Streitkräfte:
RAF = Royal Air Force (Großbritannien); k. A. = keine Angabe

Aichi D3-A1 »Val«, S. 50
Sturzkampfbomber (J)

SPANNWEITE: 14,38 m
LÄNGE: 10,20 m
HÖHE: 3,85 m
ANTRIEB: 1 Mitsubishi Kinsei 44 (S), 1000 PS
LEERGEWICHT: 2,4 t
STARTGEWICHT: 3,65 t
HÖCHSTGESCHWINDIGKEIT: 386 km/h
DIENSTGIPFELHÖHE: 30 050 ft. (9165 m)
REICHWEITE: 1500 km

Avro »Lancaster« B Mk. 1, S. 118 f.
Schwerer Bomber (GB)

SPANNWEITE: 31,09 m
LÄNGE: 21,01 m
HÖHE: 5,94 m
ANTRIEB: 4 RR Merlin 28 bzw. 38 (S), je 1390 PS
LEERGEWICHT: 18,5 t
STARTGEWICHT: 29,5 t
HÖCHSTGESCHWINDIGKEIT: 435 km/h
DIENSTGIPFELHÖHE: 21 500 ft. (6550 m)
REICHWEITE: 3600 km

Bell P-39Q »Airacobra«, S. 108 f.
Jagdeinsitzer (USA)

SPANNWEITE: 10,36 m
LÄNGE: 9,19 m
HÖHE: 3,78 m
ANTRIEB: 1 Allison V-1710-109 (R), 1425 PS
LEERGEWICHT: 2,56 t
STARTGEWICHT: 3,76 t
HÖCHSTGESCHWINDIGKEIT: 620 km/h
DIENSTGIPFELHÖHE: 35 000 ft. (10 675 m)
REICHWEITE: 2000 km

Bell P-63F »Kingcobra«, S. 109, 141
Jagdeinsitzer (USA)

SPANNWEITE: 11,95 m
LÄNGE: 9,95 m
HÖHE: 3,88 m
ANTRIEB: 1 Allison V-1710-109 (R), 1425 PS
LEERGEWICHT: 3,3 t
STARTGEWICHT: 4,26 t
HÖCHSTGESCHWINDIGKEIT: 703 km/h
DIENSTGIPFELHÖHE: 39 000 ft. (11 900 m)
REICHWEITE: 3500 km

Boeing B-17G »Flying Fortress«, S. 121–125, 145
Langstreckenbomber (USA)

SPANNWEITE: 31,62 m
LÄNGE: 22,66 m
HÖHE: 5,82 m
ANTRIEB: 4 Wright R-1820-97 (S), je 1200 PS
LEERGEWICHT: 16,4 t
STARTGEWICHT: 29,7 t
HÖCHSTGESCHWINDIGKEIT: 462 km/h
DIENSTGIPFELHÖHE: 35 600 ft. (10 850 m)
REICHWEITE: 5500 km

Boeing TB-29A »Superfortress«, S. 129, 150
Schwerer Langstreckenbomber (USA)

SPANNWEITE: 43,05 m
LÄNGE: 30,18 m
HÖHE: 9,02 m
ANTRIEB: 4 Wright R-3350-57 (S), je 2500 PS
LEERGEWICHT: 32,7 t
STARTGEWICHT: 63,5 t
HÖCHSTGESCHWINDIGKEIT: 642 km/h
DIENSTGIPFELHÖHE: 23 950 ft. (7300 m)
REICHWEITE: 8700 km

Bristol »Blenheim« Mk. IVT, S. 30 f.
Mittlerer Bomber (GB)

SPANNWEITE: 17,17 m
LÄNGE: 12,98 m
HÖHE: 3,00 m
ANTRIEB: 2 Bristol Mercury XV (S), je 905 PS
LEERGEWICHT: 4,4 t
STARTGEWICHT: 6,1 t
HÖCHSTGESCHWINDIGKEIT: 428 km/h
DIENSTGIPFELHÖHE: 27 260 ft. (8300 m)
REICHWEITE: 2350 km

Consolidated B-24J »Liberator«, S. 126
Langstreckenbomber (USA)

SPANNWEITE: 33,53 m
LÄNGE: 20,47 m
HÖHE: 5,49 m
ANTRIEB: 4 P&W R-1830-65 (dS), je 1200 PS
LEERGEWICHT: 16,5 t
STARTGEWICHT: 32,3 t
HÖCHSTGESCHWINDIGKEIT: 467 km/h
DIENSTGIPFELHÖHE: 28 000 ft. (8500 m)
REICHWEITE: 3400 km

Curtiss SB2C-5 »Helldiver«, S. 72 f., 152
Marine-Sturzkampfbomber (USA)

SPANNWEITE: 15,16 m
LÄNGE: 11,18 m
HÖHE: 4,01 m
ANTRIEB: 1 P&W R-2600-20 (S), 1900 PS
LEERGEWICHT: 4,8 t
STARTGEWICHT: 7,38 t
HÖCHSTGESCHWINDIGKEIT: 466 km/h
DIENSTGIPFELHÖHE: 27 600 ft. (8400m)
REICHWEITE: 2130 km

Curtiss P-40N »Warhawk« (RAF:»Kitty Hawk«) S. 78, 80–83
Jagdeinsitzer u. Jagdbomber (USA)

SPANNWEITE: 11,38 m
LÄNGE: 10,16 m
HÖHE: 3,76 m
ANTRIEB: 1 Allison V-1710-81PS (R), 1360 PS
LEERGEWICHT: 2,7 t
STARTGEWICHT: 4,0 t
HÖCHSTGESCHWINDIGKEIT: 608 km/h
DIENSTGIPFELHÖHE: 38 000 ft. (11 600 m)
REICHWEITE: 2250 km

De Havilland B Mk. 35 »Mosquito«, S. 116 f., 142
Schnellbomber (GB)

SPANNWEITE: 16,51 m
LÄNGE: 13,56 m
HÖHE: 5,31 m
ANTRIEB: 2 RR 114 Merlin (S), je 1725 PS
LEERGEWICHT: 7,7 t
STARTGEWICHT: 11,4 t
HÖCHSTGESCHWINDIGKEIT: 684/787 km/h
DIENSTGIPFELHÖHE: 37 000 ft. (11 300 m)
REICHWEITE: 2600 km

Douglas SBD-3 »Dauntless«, S. 69 ff.
Marinebomber (USA)

SPANNWEITE: 12,66 m
LÄNGE: 10,06 m
HÖHE: 3,94 m
ANTRIEB: 1 Wright R-1820 (S), 1000 PS
LEERGEWICHT: 3,0 t
STARTGEWICHT: 4,9 t
HÖCHSTGESCHWINDIGKEIT: 394 km/h
DIENSTGIPFELHÖHE: 24 300 ft. (7400 m)
REICHWEITE: 1800 km

Douglas A-26B »Invader«, S. 114
Mittelschwerer Bomber (USA)

SPANNWEITE: 21,34 m
LÄNGE: 15,24 m
HÖHE: 5,64 m
ANTRIEB: 2 P&W R 2800-27 (dS), je 2000 PS
LEERGEWICHT: 10,1 t
STARTGEWICHT: 15,9 t
HÖCHSTGESCHWINDIGKEIT: 571 km/h
DIENSTGIPFELHÖHE: 22 100 ft. (6750 m)
REICHWEITE: 2250 km

Douglas C-47 »Skytrain« (RAF: »Dakota«), S. 102 f.
Transportflugzeug (USA)

SPANNWEITE: 28,96 m
LÄNGE: 19,66 m
HÖHE: 5,16 m
ANTRIEB: 2 P&W R-1830 (dS), je 1200 PS
LEERGEWICHT: 8,1 t
STARTGEWICHT: 12,2 t
HÖCHSTGESCHWINDIGKEIT: 368 km/h
DIENSTGIPFELHÖHE: 23 200 ft. (7050 m)
REICHWEITE: 2400 km

Fairey »Firefly« Mk. 1(5?), S. 44 f.*
Zweisitziger Marinejäger (GB)

SPANNWEITE: 13,56 m
LÄNGE: 11,28 m
HÖHE: 4,70 m
ANTRIEB: 1 RR Griffon IIB (S), 1735 PS
LEERGEWICHT: 4,4 t
STARTGEWICHT: 6,4 t
HÖCHSTGESCHWINDIGKEIT: 513 km/h
DIENSTGIPFELHÖHE: 29 000 ft. (8850 m)
REICHWEITE: 2200 km

Fairey »Swordfish« Mk. II, S. 11
Torpedobomber und Seeaufklärer (GB)

SPANNWEITE: 13,87 m
LÄNGE: 10,87 m
HÖHE: 3,76 m
ANTRIEB: 1 Bristol Pegasus XXX (S), 750 PS
LEERGEWICHT: 2,1 t
STARTGEWICHT: 3,4 t
HÖCHSTGESCHWINDIGKEIT: 222 km/h
DIENSTGIPFELHÖHE: 10 700 ft. (3250 m)
REICHWEITE: 1650 km

Fiat G-59-4B, S. 112
Jagdzweisitzer (I)

SPANNWEITE: 11,85 m
LÄNGE: 9,25 m
HÖHE: 3,68 m
ANTRIEB: 1 RR Merlin (S), 1420 PS
LEERGEWICHT: (k. A.)

STARTGEWICHT: 3,5 t
HÖCHSTGESCHWINDIGKEIT: 617 km/h
DIENSTGIPFELHÖHE: 40 200 ft. (12 250 m)
REICHWEITE: 565 km

Fieseler Fi.156 D »Storch«, S. 14
Dreisitziges Kabinenflugzeug (D)

SPANNWEITE: 14,25 m
LÄNGE: 9,90 m
HÖHE: 3,05 m
ANTRIEB: 1 Argus As 10C (R), 270 PS
LEERGEWICHT: 930 kg
STARTGEWICHT: 1585 kg
HÖCHSTGESCHWINDIGKEIT: 175 km/h
DIENSTGIPFELHÖHE: 19 358 ft. (5900 m)
REICHWEITE: 330 km

Gloster »Gladioator« II, S. 8 f.
Einsitziger Jagddoppeldecker (GB)

SPANNWEITE: 9,83 m
LÄNGE: 8,36 m
HÖHE: 3,15 m
ANTRIEB: 1 Bristol Mercury VIIIA (S), 840 PS
LEERGEWICHT: 1,7 t
STARTGEWICHT: 2,17 t
HÖCHSTGESCHWINDIGKEIT: 396 km/h
DIENSTGIPFELHÖHE: 32 900 ft. (10 025 m)
REICHWEITE: 660 km

Grumman J2F-6 »Duck«, S. 41, 47
Amphibisches Doppeldecker-Flugboot (USA)

SPANNWEITE: 11,89 m
LÄNGE: 10,36 m
HÖHE: 4,24 m
ANTRIEB: 1 Wright R-1820-54 (S), 900 PS
LEERGEWICHT: 2 t
STARTGEWICHT: 3,5 t
HÖCHSTGESCHWINDIGKEIT: 305 km/h
DIENSTGIPFELHÖHE: 25 000 ft. (7600 m)
REICHWEITE: 1200 km

Grumman F3F-2, S. 43
Doppeldecker-Jagdeinsitzer (USA)

SPANNWEITE: 9,75 m
LÄNGE: 7,06 m
HÖHE: 2,84 m
ANTRIEB: 1 Wright R-1820-55 (S), 1050 PS
LEERGEWICHT: 1,5 t
STARTGEWICHT: 2 t
HÖCHSTGESCHWINDIGKEIT: 420 km/h
DIENSTGIPFELHÖHE: 32 000 ft. (9750 m)
REICHWEITE: 1570 km

Grumman F4F-8 »Wildcat« (FM-2), S. 52 f., 55, 57
Marine-Jagdeinsitzer (USA)

SPANNWEITE: 11,58 m
LÄNGE: 8,81 m
HÖHE: 3,48 m
ANTRIEB: 1 Wright R-1820-56 (dS), 1350 PS
LEERGEWICHT: 2,5 t
STARTGEWICHT: 3,75 t
HÖCHSTGESCHWINDIGKEIT: 534 km/h
DIENSTGIPFELHÖHE: 34 700 ft. (10 575 m)
REICHWEITE: 2100 km

Grumman F6F-3 »Hellcat«, S. 54, 57, 59, 148
Marine-Jagdeinsitzer (USA)

SPANNWEITE: 13,06 m
LÄNGE: 10,24 m
HÖHE: 3,99 m
ANTRIEB: 1 P&W R-2800-10W (S), 2000 PS
LEERGEWICHT: 4,2 t
STARTGEWICHT: 7,0 t
HÖCHSTGESCHWINDIGKEIT: 612 km/h
DIENSTGIPFELHÖHE: 37 300 ft. (11 370m)
REICHWEITE: 2180 km

Grumman F7F »Tigercat«, S. 130 (USA)

SPANNWEITE: 15,70 m
LÄNGE: 13,73 m
HÖHE: 4,62 m
ANTRIEB: 2 P&W R2800-34W (dS), je 2100 PS
LEERGEWICHT: 7,57 t
STARTGEWICHT: 11,65 t
HÖCHSTGESCHWINDIGKEIT: 725 km/h
DIENSTGIPFELHÖHE: k. A.
REICHWEITE: 2900 km (mit Außentanks)

Grumman F8F-2 »Bearcat«, S. 130 f.
Jagdeinsitzer (USA)

SPANNWEITE: 10,82 m
LÄNGE: 8,43 m
HÖHE: 3,71 m
ANTRIEB: 1 P&W R-2800-34W (S), 2300 PS
LEERGEWICHT: 3,5 t
STARTGEWICHT: 6,1 t
HÖCHSTGESCHWINDIGKEIT: 720 km/h
DIENSTGIPFELHÖHE: 40 700 ft. (12 400 m)
REICHWEITE: 2310 km

Grumman (General Motors) TBM-3 »Avenger«, S. 66 ff.
Dreisitziger Marinebomber und U-Boot-Jäger (USA)

SPANNWEITE: 16,51 m
LÄNGE: 12,19 m
HÖHE: 5,0 m
ANTRIEB: 1 Wright R-2600-20 (S), 1900 PS
LEERGEWICHT: 4,9 t
STARTGEWICHT: 8,27 t
HÖCHSTGESCHWINDIGKEIT: 430 km/h
DIENSTGIPFELHÖHE: 23 400 ft. (7130 m)
REICHWEITE: 3760 km

Hawker »Hind«, S. 8
Zweisitziger Doppeldecker-Bomber (GB)

SPANNWEITE: 11,35 m
LÄNGE: 9,02 m
HÖHE: 3,23 m
ANTRIEB: 1 RR Kestrel V (R), 640 PS
LEERGEWICHT: 1,47 t
STARTGEWICHT: 2,4 t
HÖCHSTGESCHWINDIGKEIT: 300 km/h
DIENSTGIPFELHÖHE: 26 400 ft. (8050 m)
REICHWEITE: 690 km

Hawker »Hurricane« Mk. IIB, S. 7, 16, 25, 37
Jagdeinsitzer, Jagdbomber, »fliegende Pak« (GB)

SPANNWEITE: 12,19 m
LÄNGE: 9,83 m
HÖHE: 2,67 m
ANTRIEB: 1 RR Merlin XX (R), 1280 PS
LEERGEWICHT: 2,49 t
STARTGEWICHT: 3,38 t
HÖCHSTGESCHWINDIGKEIT: 550 km/h
DIENSTGIPFELHÖHE: 40 000 ft. (12 200 m)
REICHWEITE: 810 km

Hawker »Sea Fury«, S. 134
Marine-Jagdbomber (GB)

SPANNWEITE: 11,68 m
LÄNGE: 10,54 m
HÖHE: 4,46 m
ANTRIEB: 1 Bristol Centaurus 18 (S), 2480 PS
LEERGEWICHT: 3,94 t
STARTGEWICHT: 5,4 t
HÖCHSTGESCHWINDIGKEIT: 715 km/h
DIENSTGIPFELHÖHE: 35 600 ft. (10 850m)
REICHWEITE: 2110 km

Heinkel He 111, S. 20 f.
Mittelstreckenbomber (D)

SPANNWEITE: 22,59 m
LÄNGE: 16,60 m
HÖHE: 4,17 m
ANTRIEB: 2 Junkers Jumo 211F-2 (R), je 1340 PS
LEERGEWICHT: 6,5 t
STARTGEWICHT: 12,4 t
HÖCHSTGESCHWINDIGKEIT: 415 km/h
DIENSTGIPFELHÖHE: 25 500 ft. (7770 m)
REICHWEITE: 2800 km

Jakolew LET C.11 »Moose« (Elch), S. 110 f.
Jagdeinsitzer (SU)

SPANNWEITE: 9,40 m
LÄNGE: 8,51 m
HÖHE: 3,28 m
ANTRIEB: 1 Swetsow Ash-21, 570 PS
LEERGEWICHT: 1,9 t
STARTGEWICHT: 2,4 t
HÖCHSTGESCHWINDIGKEIT: 475 km/h
DIENSTGIPFELHÖHE: 23 290 ft. (7100 m)
REICHWEITE: 1280 km

Junkers Ju 52 »Tante Ju«, S. 12
Transport- und Passagierflugzeug, Behelfsbomber (D)

SPANNWEITE: 29,25 m
LÄNGE: 18,90 m
HÖHE: 5,55 m
ANTRIEB: 3 BMW 132A-3S (S), je 725 PS
LEERGEWICHT: 5,7 t
STARTGEWICHT: 10,5 t
HÖCHSTGESCHWINDIGKEIT: 277 km/h
DIENSTGIPFELHÖHE: 19 360 ft. (15 900m)
REICHWEITE: 1000 km

Junkers Ju 87 »Stuka«, 22 f.
Sturzkampfbomber

SPANNWEITE: 13,80 m
LÄNGE: 11,50 m
HÖHE: 3,90 m
ANTRIEB: 1 Junkers Jumo 211J-1, 1400 PS
LEERGEWICHT: 3,9 t
STARTGEWICHT: 6,6 t
HÖCHSTGESCHWINDIGKEIT: 410 km/h
DIENSTGIPFELHÖHE: 23 915 ft. (7290 m)
REICHWEITE: 1535 km

Lockheed P-38J »Lightning«, S. 105 f.
Jagdeinsitzer (USA)

SPANNWEITE: 15,85 m
LÄNGE: 11,53 m
HÖHE: 2,80 m
ANTRIEB: 2 Allison V-1710-89 (R), je 1425 PS
LEERGEWICHT: 5,8 t
STARTGEWICHT: 9,78 t
HÖCHSTGESCHWINDIGKEIT: 666 km/h
DIENSTGIPFELHÖHE: 44 000 ft. (13 400 m)
REICHWEITE: 4200 km

Martin B-26G »Marauder«, S. 115
Mittelschwerer Bomber (USA)

SPANNWEITE: 21,64 m
LÄNGE: 17,09 m
HÖHE: 6,20 m
ANTRIEB: 2 P&W R-2800-43 (S), je 1920 PS
LEERGEWICHT: 11,5 t
STARTGEWICHT: 17,3 t
HÖCHSTGESCHWINDIGKEIT: 455 km/h
DIENSTGIPFELHÖHE: 19 800 ft. (6035 m)
REICHWEITE: 1770 km

Messerschmitt Me 108/Nord 1002 »Taifun«, S. 15
Schnelles Reise- und Kommunikationsflugzeug

SPANNWEITE: 10,49 m
LÄNGE: 8,28 m
HÖHE: 2,30 m
ANTRIEB: 1 AS-10 Renault (R), 240 PS
LEERGEWICHT: 855 kg
STARTGEWICHT: 1400 kg
HÖCHSTGESCHWINDIGKEIT: 315 km/h
DIENSTGIPFELHÖHE: 15 480 ft. (4720 m)
REICHWEITE: 1000 km

Messerschmitt Me (Bf) 109 G-2 Trop, S. 18 f., 32 f., 86
Jagdeinsitzer

SPANNWEITE: 9,92 m
LÄNGE: 9,04 m
HÖHE: 2,59 m
ANTRIEB: 1 DB-605-A-1 (R), 1475 PS
LEERGEWICHT: 2,67 t
STARTGEWICHT: 3,4 t
HÖCHSTGESCHWINDIGKEIT: 623 km/h
DIENSTGIPFELHÖHE: 38 500 ft. (11 750 m)
REICHWEITE: 990 km

Messerschmitt Me 208/Nord 1101, S. 13
Kommunikations- und Kommandoflugzeug (D)

SPANNWEITE: 11,51 m
LÄNGE: 8,84 m
HÖHE: 3,35 m
ANTRIEB: 1 Renault 6Q10A (R), 240 PS
LEERGEWICHT: 1,1 t
STARTGEWICHT: 1,65 t
HÖCHSTGESCHWINDIGKEIT: 310 km/h
DIENSTGIPFELHÖHE: 19 685 ft. (6000 m)
REICHWEITE: 1200 km

Mikojan-Gurewitsch MiG-3, S. 110
Jagdeinsitzer (SU)

SPANNWEITE: 10,30 m
LÄNGE: 8,15 m
HÖHE: 3,51 m
ANTRIEB: 1 Mikulin AM-35A (R), 1350 PS
LEERGEWICHT: 2,04 t
STARTGEWICHT: 3,35 t
HÖCHSTGESCHWINDIGKEIT: 655 km/h
DIENSTGIPFELHÖHE: 39 370 ft. (12 000 m)
REICHWEITE: 820 km

Mitsubishi A6M5-52 »Zero«, S. 48 f., 106, 139
Marine-Jagdeinsitzer (J)

SPANNWEITE: 11,00 m
LÄNGE: 9,07 m
HÖHE: 2,79 m
ANTRIEB: 1 Nakajima Sakae 21 (dS), 1130 PS
LEERGEWICHT: 1,78 t
STARTGEWICHT: 2,95 t
HÖCHSTGESCHWINDIGKEIT: 576 km/h
DIENSTGIPFELHÖHE: 35 100 ft. (10700 m)
REICHWEITE: 1820 km

Nakajima Ki-84 »Hayate« (Sturm), S. 149
Jagdeinsitzer (J)

SPANNWEITE: 11,23 m
LÄNGE: 9,92 m
HÖHE: 3,39 m
ANTRIEB: 1 Nakajima Ha-45 (S), 1900 PS
LEERGEWICHT: 2,66 t
STARTGEWICHT: 3,88 t
HÖCHSTGESCHWINDIGKEIT: 630 km/h
DIENSTGIPFELHÖHE: 34 350 ft. (10 470m)
REICHWEITE: 2170 km

Nakajima B5N »Kate«, S. 51
Marinebomber (J)

SPANNWEITE: 15,52 m
LÄNGE: 10,31 m
HÖHE: 3,71 m
ANTRIEB: 1 Sakae 11 (S), 1000 PS
LEERGEWICHT: 2,2 t
STARTGEWICHT: 3,8 t
HÖCHSTGESCHWINDIGKEIT: 378 km/h
DIENSTGIPFELHÖHE: 25 200 ft. (7680 m)
REICHWEITE: 1990 km

North American B-25D »Mitchell«, S. 113, 154
Mittelschwerer Bomber (USA)

SPANNWEITE: 20,60 m
LÄNGE: 16,13 m
HÖHE: 4,98 m
ANTRIEB:2 Wright R-2600-13 (S), je 1700 PS
LEERGEWICHT: 13,4 t
STARTGEWICHT: 18,9 t
HÖCHSTGESCHWINDIGKEIT: 438 km/h
DIENSTGIPFELHÖHE: 25 000 ft. (7620 m)
REICHWEITE: 2050 km

North American P-51D »Mustang«, S. 87–95, 145
Jagdeinsitzer/Langstreckenbegleitjäger (USA)

SPANNWEITE: 11,28 m
LÄNGE: 9,83 m
HÖHE: 4,17 m
ANTRIEB: 1 Packard Merlin V-1650-7 (R), 1720 PS
LEERGEWICHT: 3,2 t
STARTGEWICHT: 5,5 t
HÖCHSTGESCHWINDIGKEIT: 703 km/h
DIENSTGIPFELHÖHE: 41 900 ft. (12 770 m)
REICHWEITE: 3700 km

Republic P-47G »Thunderbolt«, S. 96–99, 101
Schwerer Jagdeinsitzer/Jagdbomber (USA)

SPANNWEITE: 12,42 m
LÄNGE: 11,00 m
HÖHE: 4,34 m
ANTRIEB: 1 P&W R-2800-21 (dS), 2000 PS (2300 PS mit Wasserinjektion)
LEERGEWICHT: 4,48 t
STARTGEWICHT: 6,8 t
HÖCHSTGESCHWINDIGKEIT: 697 km/h
DIENSTGIPFELHÖHE: 42 000 ft. (12 800m)
REICHWEITE: 1340 km

Supermarine »Spitfire« Mk. V, S. 24
Jagdeinsitzer (GB)

ANTRIEB: 1 RR Merlin (V12), 1450 PS
HÖCHSTGESCHWINDIGKEIT: 593 km/h

Supermarine »Spitfire« Mk. IX, S. 17, 24, 29, 35, 39
Jagdeinsitzer (GB)

ANTRIEB: 1 RR Merlin (V12), 1665 PS
HÖCHSTGESCHWINDIGKEIT: 658 km/h

Supermarine »Spitfire« Mk. XIV, S. 24, 135, 160
Jagdeinsitzer (GB)

SPANNWEITE: 11,23 m
LÄNGE: 9,96 m
HÖHE: 3,86 m
ANTRIEB: 1 RR Griffon 65 (V12), 2050 PS
LEERGEWICHT: 3,0 t
STARTGEWICHT: 4,65 t
HÖCHSTGESCHWINDIGKEIT: 721 km/h
DIENSTGIPFELHÖHE: 43 000 ft. (13 100 m)
REICHWEITE: 740 km

Supermarine »Spitfire« Mk. XVI, S. 133, 136 f.
Jagdeinsitzer (GB)

SPANNWEITE: 11,23 m
LÄNGE: 9,55 m
HÖHE: 3,48 m
ANTRIEB: 1 RR Merlin (V12), 1705 PS
LEERGEWICHT: 2,6 t
STARTGEWICHT: 3,4 t
HÖCHSTGESCHWINDIGKEIT: 676 km/h
DIENSTGIPFELHÖHE: 42 500 ft. (12 950 m)
REICHWEITE: 700 km

Vought (Goodyear) GG-1D (F4U) »Corsair«, S. 60 f., 63 ff., 74 f.
Jagdeinsitzer/Jagdbomber (USA)

SPANNWEITE: 12,50 m
LÄNGE: 10,52 m
HÖHE: 4,50 m
ANTRIEB: 1 P&W R-2800 (dS), 2300 PS
LEERGEWICHT: 4,39 t
STARTGEWICHT: 6,39 t
HÖCHSTGESCHWINDIGKEIT: 756 km/h
DIENSTGIPFELHÖHE: 41 600 ft. (12 680 m)
REICHWEITE: 1800 km

Vought-Sikorsky OS2U-3 »Kingfisher«, S. 46
Trägergestütztes Wasserflugzeug (USA)

SPANNWEITE: 10,95 m
LÄNGE: 10,31 m
HÖHE: 4,61 m
ANTRIEB: 1 P&W R-985-AN-2, 450 PS
LEERGEWICHT: 1,87 t
STARTGEWICHT: 2,72 t
HÖCHSTGESCHWINDIGKEIT: 264 km/h
DIENSTGIPFELHÖHE: 13 000 ft. (3960 m)
REICHWEITE: 1300 km

Quellen der Flugzeug-Fotografien

Alle Farbfotografien © Philip Makanna. Die Schwarzweiß-Fotografien entstammen folgenden Quellen (soweit nicht namentlich angegeben, sind die Fotografen unbekannt):
S. 11: IWM A19719; S. 14: IWM HU39771; S. 19: IWM HU40077; S. 20: IWM C5422; S. 23: IWM GER18; S. 25: IWM MH6041; S. 33: IWM HU53289; S. 46: USMC 175731; S. 66: Tech. Sgt. C.D. Palmer, Jr., USMC 119279; S. 69: National Archive 80-G-377208; S. 71: Charles Kerlee, National Archive 80-G-473547; S. 72: Charles Kerlee, National Archive 80-G-320999; S. 75: IWM A.24292A; S. 79: IWM CM2730; S. 80: IWM SM1098; S. 82: National Archive 80-G-401734; S. 96: IWM HU31923; S. 104: von Lt. Cicerone frdlw. z. Vfgg. gest.; S. 108: IWM HU48135; S. 110: IWM RUS1977; S. 123: USAF 52064-AC; S. 124: USAF 52064-AC; S. 136: IWM CF682.

Abbildungen zu den Kapitelanfängen
ERDE (S. 6/7): Cornwall, England; Hawker »Hurricane« Mk. II

WASSER (S. 40/41): Pazifik bei San Francisco; Grumman J2F-6 »Duck«

LUFT (S. 76/77): Wolken; North American F-51 »Mustang«

FEUER (S. 138/139): Sonnenaufgang, Wanaka, Neuseeland; Mitsubishi A6M5-52 »Zero«

Quellen sonstiger Fotografien

Die sonstigen historischen Schwarzweiß-Fotografien entstammen folgenden Quellen (soweit nicht namentlich angegeben, sind die Fotografen unbekannt):
Umschlagrückseite: USAF 94876AC; S. 8: National Archive; S. 10: IWM HU40031; S. 15: IWM MH1239; S. 16: IWM H2646A; S. 18: IWM FLM1531; S. 21: IWM TP7089; S. 23: IWM HU36223; S. 27: IWM CH1366; S. 28: IWM HU3904; S. 30: IWM CM263; S. 34: IWM CH1361; S. 36: IWM CH1405; S. 38: IWM CH1400; S. 42: National Archive #80-G-43089; S. 48: IWM HU64709; S. 50: IWM HU64708; S. 54: National Archive; S. 56: Barrett Gallager, National Archive #80-G-468977; S. 58: von Lt. Vraciu frdlw. z. Vfgg. gest.; S. 26: Tech. Sgt. D.Q. White, Dezember 1943, USMC 68317; S. 64: Fenno Jacobs, National Archive 80-G-475024; S. 85: IWM CX12288; S. 90: USAF 52439 AC; S. 100: IWM KY717; S. 107: von Lt. Gardner frdlw. z. Vfgg. gest.; S. 117: IWM CM1285; S. 120: IWM AP30306; S. 127: von James C. Altoff frdlw. z. Vfgg. gest., Bild oben fotografiert von Frank Ambrose; S. 128: USAF 53947 AC; S. 130: Lt. Jerry Rogers, USN, von Lt. Rogers frdlw. z. Vfgg. gest.; S. 132: IWM C381; S. 141: IWM HM636; S. 143: USAF 53595 AC; S. 144: Tec/4 Albert J. Meserlin, Jr., US Army Signal Corps, #45136, von Richard Meyer frdlw. z. Vfgg. gest.; S. 146: Wayne Miller, National Archive #80-G-470943; S. 146: Originalfoto Chiran Heiwa Kaikan, frdlw. z. Vfgg. gest. von Mainichi Shinbun; S. 146: Pfc. L.L. Griffith, USMC 116.373; S. 149 (Bildreihe links): Originalfoto Chiran Tokku Kaikan, von Herrn Tadamasa Itatsu frdlw. z. Vfgg. gest.; S. 149 (rechts): Originalfoto Chiran Heiwa Kaikan, von Mainichi Shinbun frdlw. z. Vfgg. gest.; S. 153: National Archive #80-G-470528

Register

Supermarine »Spitfire« FR Mk. XIV am Mount Aspiring bei Wanaka, Neuseeland, 4. April 1994

Danksagung

Dank an The American Air Museum in Britain,
The Confederate Air Force, The Fighter Collection,
The Lone Star Flight Museum, The Old Flying Machine Compamy,
The Imperial War Museum, The Battle of Britain Memorial Flight,
The Royal Navy Historic Flight, The Planes of Fame Air Museum,
The Breckenridge Air Museum, The Canadian Warplane Heritage,
Historic Flying Limited, The Shuttleworth Collection,
The Alpine Fighter Collection, The Weeks Air Museum,
The New Zealand Warbirds Association, Aerotec Pty. Ltd.,
The Kalamazoo Aviation History Museum, Queensland Warbirds,
Air World, The Collings Foundation, Planes of Fame East,
The Gathering of War Birds, Madera, und
The Reno Air Races Association.

Besonderen Dank an die brillanten Piloten unserer Foto-Flugzeuge:
Hauptmann Larry Daudt, Charles Hutchins, Eddie van Fossen,
Al Goss, Jimmie Ruel McMillan, Mike »Chico« Burke, Bill Arnot, Nelson Ezell, Ralph Royce, L. Jay Cullum, Alan Bush, Steve Hinton, John Romain, Sue Parish, Kevin Eldridge und Denny Ghiringhelli.

Sowie Dank an Marshall P. Cloyd, Edward Inman, Oberst (USAF) Lloyd Nolen, Oberst (USAF) Lefty Gardner, Howard Pardue, Stephen Grey, Hoof Proudfoot, Ray Hanna, Mark Hanna, Tim Wallis, Kermit Weeks, Korvettenkapitän (USN) John Beattie, Major (RAF) Andy M. Tomalin, Oberst (RAF) Andy Williams, Robert L. Waltrip, Ralph Royce, Jim Fausz, Robert J. Pond, Ronnie Gardner, Ruby Gardner, Reg Urschler, Tom Cloyd, Mike Collier, Bob Ayars, Bill Crump, Tom Gregory, Korvettenkapitän (USN) Dave Knight, John Lamont, Lindsay Walton, E. K. Coventry, Charlie Brown, Clive Denny, Tim Routsis, Angus McVitie, BEA Lewis, Paul Bonhomme, Nick Grey, Russ Snadden, Dave Southwood, Graham Warner, Sarah Hanna, Keith Skilling, Tom Middleton, Ray Mulqueen, Guido Zuccoli, Tony Chamberlain, Wayne Milburn, Rob Booth, Qwilton Biel, Eddie Doherty, Paul Radley, John Rayner, Ed Maloney, John Maloney, Karen Hinton, Joe Haley, Jerry Wilkins, John Crocker, Bill Destefani, David Price, William Clark, Sherman Smoot, Harold Kinsvater, Mike DeMarino, Stewart Brickenden, Don Fisher, Cy Dunbar, Dennis Bradley, Pete Parish, Bob Ellis, John Ellis, John Hess, Greg Klassen, Larry Klassen, Jean Garric, Nicole Garric, Bill Parker, Ron Hevle, Fred Sebby, Wally McDonald, Merrill Wien, Ross Grady, Walter Wooton, Aubrey Hair, Jim Williams, Gary Meermans, John Paul, Wilbur West, Harold Zook, Art McKinley, W. L. Bryan, Elmer Ward, Mike Wells, Bob Thompson, Alex Vraciu, Colette Byatt, Pippa Vaughn, David Henchie, Robert Nishimura, Jean Makanna, Christie Makanna, Tiffany Doesken, Greg Polos, Davie Blades, Drew Montgomery und Chuck Robbins.